U0376285

筑境

中国精致建筑100

1 建筑思想

风水与建筑
礼制与建筑
象征与建筑
龙文化与建筑

2 建筑元素

屋顶
门
窗
脊饰
斗栱
台基
中国传统家具
建筑琉璃
江南包袱彩画

3 宫殿建筑

北京故宫
沈阳故宫

4 礼制建筑

北京天坛
泰山岱庙
闾山北镇庙
东山关帝庙
文庙建筑
龙母祖庙
解州关帝庙
广州南海神庙
徽州祠堂

5 宗教建筑

普陀山佛寺
江陵三观
武当山道教宫观
九华山寺庙建筑
天龙山石窟
云冈石窟
青海同仁藏传佛教寺院
承德外八庙
朔州古刹崇福寺
大同华严寺
晋阳佛寺
北岳恒山与悬空寺
晋祠
云南傣族寺院与佛塔
佛塔与塔刹
青海瞿昙寺
千山寺观
藏传佛塔与寺庙建筑装饰
泉州开元寺
广州光孝寺
五台山佛光寺
五台山显通寺

6 古城镇

中国古城
宋城赣州
古城平遥
凤凰古城
古城常熟
古城泉州
越中建筑
蓬莱水城
明代沿海抗倭城堡
赵家堡
周庄
鼓浪屿
浙西南古镇廿八都

筑境

中国精致建筑100

造园堆山

成玉宁 撰文/摄影

中国建筑工业出版社

出版说明

中国是一个地大物博、历史悠久的文明古国。自历史的脚步迈入新世纪大门以来，她越来越成为世人瞩目的焦点，正不断向世人绽放她历史上曾具有的魅力和光辉异彩。当代中国的经济腾飞、古代中国的文化瑰宝，都已成了世人热衷研究和深入了解的课题。

作为国家级科技出版单位——中国建筑工业出版社60年来始终以弘扬和传承中华民族优秀的建筑文化，推动和传播中国建筑技术进步与发展，向世界介绍和展示中国从古至今的建设成就为己任，并用行动践行着“弘扬中华文化，增强中华文化国际影响力”的使命。从20世纪80年代开始，中国建筑工业出版社就非常重视与海内外同仁进行建筑文化交流与合作，并策划、组织编撰、出版了一系列反映我中华传统建筑风貌的学术画册和学术著作，并在海内外产生了重大影响。

“中国精致建筑100”是中国建筑工业出版社与台湾锦绣出版事业股份有限公司策划，由中国建筑工业出版社组织国内百余位专家学者和摄影专家不惮繁杂，对遍布全国有历史意义的、有代表性的传统建筑进行认真考察和潜心研究，并按建筑思想、建筑元素、宫殿建筑、礼制建筑、宗教建筑、古城镇、古村落、民居建筑、陵墓建筑、园林建筑、书院与会馆等建筑专题与类别，历经数年系统科学地梳理、编撰而成。本套图书按专题分册，就其历史背景、建筑风格、建筑特征、建筑文化，结合精美图照和线图撰写。全套100册、文约200万字、图照6000余幅。

这套图书内容精练、文字通俗、图文并茂、设计考究，是适合海内外读者轻松阅读、便于携带的专业与文化并蓄的普及性读物。目的是让更多的热爱中华文化的人，更全面地欣赏和认识中国传统建筑特有的丰姿、独特的设计手法、精湛的建造技艺，及其绝妙的细部处理，并为世界建筑界记录下可资回味的建筑文化遗产，为海内外读者打开一扇建筑知识和艺术的大门。

这套图书将以中、英文两种文版推出，可供广大中外古建筑之研究者、爱好者、旅游者阅读和珍藏。

目录

造园堆山

假山是中国园林中最具特色的要素。一般说来，稍具规模的园林都要营造假山，即使是很小的庭院，也往往竖起一方天然石峰，作为山的象征物。中国文人对山和石的崇拜与钟爱可以说由来已久了。从哲学层面看，中国文人的“仁者乐山”的观念是根深蒂固的，假山确是中国园林精神的一种体现。从美学角度看，假山能赋予园林鲜明的个性，并使空间变化无穷，予人以高度的审美享受。堆山之艺与中国山水画理相通，又须谙熟工程之道，加之古代遗留的文献论著如凤毛麟角，是故此艺之传迥乎难矣。中国历史上曾经出现过一些颇负盛名的园林假山，但早已渺无踪迹，只凭文字描述亦语焉不详。今天我们尚能目睹的遗物，大多为明、清时期，主要是清代的作品，仍能给我们异彩纷呈的印象，是我们研究造园堆山的实物例证。

一、造园堆山的缘起和演变

作为赏玩的假山究竟起源于何时？已无从稽考。最早见诸史料记载的是在秦代，受神仙传说的影响，秦始皇于兰池宫中“凿长池，引渭水，筑土为蓬莱山”，模拟神仙境界。汉武帝的建章宫太液池，又增加了方丈、瀛洲二山，而成为“一池三山”。西汉时期的宫宅园林中流行堆筑土山，其中未央宫中便有土山十余座，以致“土山渐台”成为此间宫宅园林的代名词。见诸史料的其他拥有假山的名园为数不少，诸如汉武帝建章宫太液池假山，梁孝王刘武的兔园百灵山，茂陵富民袁广汉的私园，长乐公主的长门园，王根、王凤的宅园等都堆有假山。秦和西汉时期的假山造型处于幼稚阶段。正如董仲舒《春秋繁露・山川颂》所记：“且积土成山……小其上，泰其下”，只是“唯山之间”的土冢。通常土山上栽植树木以模拟自然，所谓“树草木以象山”（《史记，秦始皇本纪》）。西汉的假山已出现用石的倾向，有所谓“构石为山”之说，如史籍上关于袁广汉园、刘武的兔园及霍去病墓等均出现相同或相似的记载。其中多数应为象形置石，即通过在土山或封土堆上放置石刻动物造型等以象征所摹拟的真山。这从遗存至今的霍去病墓封土及置石做法中可略见一斑。这个时期的假山还只是宫宅园林中的点缀，并未成为完整的审美对象，假山仅具有象征意义。由于历史久远，此间的假山大多荡然无存，仅有建章宫太液池等个别遗址、遗物可寻。

图1-1 北宋范宽作《雪山萧寺图》（程里尧 摄）/对面页
此图山形嶙峋，体积感强。山体虚实开阔，逶曲有致。园林中堆山的创意和艺术手法如同作山水画一般。

图1-2 宋画《溪山图》（局部）（程里尧 摄）
此图以山水为背景，其间点缀亭、桥景物，俨然一处清丽小园。园中堆山也如同画家经营山水构图之艺术想象。

到了东汉三国时期，假山已不再是虚幻仙境的象征物，转而对名山胜境的摹拟，并且出现了“有若自然”的假山创作倾向，标志着假山艺术较之于秦西汉有了长足的发展。如东汉大将军梁冀于洛阳城西的别业中堆山“以象二崤”（东西崤山）；东汉大内禁苑——西园中有摹仿华山而堆筑的少华山；曹魏的芳林园中有摹拟景山的景阳山……东汉三国时期造园堆山的另一特征便是追求真实感，从假山的形态到栽植林木、放养动物，都尽可能完整地再现自然景观。

倘若说秦汉的假山是为了迎神、膜拜、游乐，那么两晋南北朝以降的假山之作则更多地表现出对自然美的欣赏。葛洪称当时贵州造园：“起土山以准嵩霍”，以自然的真山为塑造假山之范本。当时的宫宅园林“聚石引水，植林开涧”蔚然成风。北齐武平时期，于邺城仙都苑中“封土为五岳”，拟“五岳四渎”；慕容熙龙腾苑中起景云山，山广百步，峰高十七丈；刘宋于华林园中筑有景阳山；北魏张伦的宅园之中，景阳山“重岩复岭”、“深蹊洞壑”、“高林巨树，悬葛垂萝”，“有若自然”；南朝戴颐宅园“聚石引水，植林开涧，少时繁密，有若自然”。加之由于玄学的兴起，在审美上侧重于“心”的作用，突出观者审美发现的价值。“以大观小”，从而有“仿佛丘中”的感受。陆机《登台赋》有：“扶桑细于毫末兮，昆仑卑于覆篑。”由此可知假山的体量大为缩小。以南朝的徐勉、北周的庾信等为代表的一批文人，造园不求高大，崇尚简约小巧，所谓“山为篑覆，池有堂坳”。与此同时，随着堆山技巧的提高，时人已经能够堆造大型的山洞。南朝湘东王萧绎的湘东苑中：“临水斋前有高山，山有石洞，潜行宛委二百余步。”这表明南北朝时期堆山技术已有突破性的进展。

隋唐时期，假山艺术承袭南北朝的旧制又有新的发展。一方面皇家苑囿仍旧是神山仙岛，隋炀帝西苑中开挖湖面，堆土筑蓬莱、方丈、瀛洲诸仙山。唐大明宫内廷同样挖有太液池，堆蓬莱仙岛。另一方面，市井中的园林流行“池岛”、“花木”、“盆山”，而少大体

图1-3 元代黄公望作《丹崖玉树图》（程里尧 摄）

图1-4 宋代沈铉作《平山远山图》（张振光 摄）

量、形体完整的假山之作，见诸史料的如：白居易履道坊宅园以水池为中心，池中布置三岛；唐安乐公主定昆池中累石象华山。与此同时，置石之风在唐代文人士大夫中十分盛行，广罗奇石，置于庭园成为此间造园的一大特征。

宋代假山有较大的发展，出现专事假山的“山匠”。北宋年间，嗜石之癖在士大夫阶层形成风尚，其中以苏东坡、米芾等人为代表。米芾并且创太湖石“相石之法”，为后世所沿用。李诫的《营造法式》一书中对垒石山、壁隐假山和盆山的用工、材料等作出相应的规定。加之山水画的发展与分化也进一步推动了假山的发展。园林中大量用石则是始自北宋末年，宋徽宗营造寿山艮岳，采取集锦的方式缩仿天下名胜，于景龙门旁筑山，象征余杭之凤凰山，设栈道以仿蜀道之险。大内禁苑中积石垒成“香石泉山”，山上设有瀑布。宋室为叠造假山而广罗奇石，并专命朱勔在江南收集太湖石，每十船编为“一纲”，史称“花石纲”，运往汴梁。上行下效，艮岳对后来的假山大量用石起着推波助澜的作用。南宋偏安江南，据自然之利，江浙地区的临安、吴兴、绍兴、苏州一带造园用石日趋增多，逐渐成为风尚。另一方面造大型假山在皇家及权贵的园林中重又出现。除艮岳外，南宋卫清叔园中“一山连亘二十亩，位置四十余亭”；俞子清园中“巧峰之大小凡百余，高者二三丈”，十分壮观。

明清时期，堆叠假山的技艺有了长足的发展，明中叶以前的假山大多形态质朴自然，假山堆叠以土带石为主。明末清初，江南涌现出一批文人堆山匠师，他们具有广泛的实践经验，且大多具有深厚的绘画功底及理论素养，技术上“尽变前人之法”，造就了一批假山艺术精品，其中部分假山作品遗存至今。但与此同时，假山堆造出现“重技”倾向，几乎无山不石，争奇斗胜。追求奇峰阴洞、人巧趣味。对此当时的叠山家张南垣曾指出：“今之为假山，聚危石，架洞壑，带以飞梁，矗以高峰，据盆盎之智以笼岳渎，使入之者如入鼠穴、蚁垤，气象蹙促，此皆不通于画之故也。”这应当是对当时假山流弊的正确评价。此间的假山因分布地区的不同而各具特色，北方皇家园林规模宏大，其假山多土山与土石混用；江南园林堆山则多用石料；岭南庭园占地较小，因此少有大规模假山，以孤置峰石、散点块石为主；扬州园林以叠石胜，尤以峭壁山为著。

太平天国以后，假山多以石作台、花坛，追求奇峰阴洞，华而不实，山若石屏，山径曲折类似迷宫。更有附会异说，假山的整体感、自然感因此大为削弱，以致视觉混乱，叠山艺术日趋衰落。典型者如南京煦园南部假山、苏州狮子林池东部假山及无锡蠡园中的入口部分假山等。

二、山林气象　胜景多方

图2-1 苏州拙政园中部“以土带石”堆成“三岛”，岛上林木葱茏，山石半掩半露，有若自然。

计成的《园冶》一书依据假山分布的位置及功能不同，将假山分为十七类：园山、厅山、楼山、阁山、书房山、池山、内室山、峭壁山、山石池、金鱼缸、峰、峦、岩、洞、涧、曲水、瀑布等，其堆叠要领亦各不相同。

假山依构成材料之不同大抵可分为石山、土山及土石并用三类，现存的假山大多为“以土带石”及“以石带土”两种。李渔称：“土多则是土山带石，石多则是石山带土，土石二物，原不相离，石山离土，则草木不生，是童山矣!”土山也好石山也罢，不外乎以土石为主要堆筑材料，所区别的只是各自所占比例不同而已。现存的假山中，土山的代表作有拙政园中部“三岛”、北京北海琼华岛等，湖石山精品首推苏州环秀山庄假山及南京瞻园中的南、北假山等。黄石山的代表则有扬州个园之秋山、常熟燕园之假山、苏州耦园中的黄石山、上海豫园的黄石山、嘉定秋霞圃中的黄石山等。

a

b

图2-2 北京北海琼华岛

以土带石堆成，体量庞大。始于金代，元又有增饰，叠有山石洞道，山巅建有广寒宫，清代改为喇嘛塔。

图2-3 南京瞻园北假山
传为明代遗构，全山形势生动，尤以石矶、小洞处理最为精彩。

除去上述的几种类型外，由于材料、手法不同，功能的差异，还有一些各具特色的假山。譬如明万历年间曾出现过木假山，明人谢肇淛《五杂俎·地部》："余在德平葛尚宝园，见木假山一座，岩洞峰峦，皆由木砌成，不用片石抔土也。"木假山易腐朽不耐久，加之与真山在景观相去甚远，因而不过昙花一现。"内室山"中有一种迷你型假山——研山。研山类于水石盆景，它可充作砚台使用，所以又称"砚山"。南唐后主李煜曾拥有一砚山，一尺余长，"前耸三十六峰，皆大犹手指，左右则引两阜坡陀，而中凿为砚"，可见所谓"砚山"当为假山与砚台结合而成。另外，有些假山却是附会风水之说而堆叠的，典型者如北宋末年的寿山艮岳。当时有方士称："京城东北隅，地协堪舆，但形势稍下，倘少增高之，则皇嗣繁衍矣。"于是乎宋徽宗营造寿山以补形势不足，求皇嗣繁衍。所以寿山则实为一座"风水山"。更有因地制宜，利用

图2-4 苏州耦园中的黄石假山（程里尧 摄）/上图
形势拙朴，以山麓、峭壁及山谷处理最为精彩。

图2-5 上海嘉定秋霞圃中的黄石大假山/下图
山水结合，石矶、水湾曲折深邃，高林巨树，形同自然。

自然山地，施以人工整理，剪裁自然，搜剔山石，变自然山地为园中“假山”，如南宋叶少蕴在湖州城西的弁山园便是由此而形成的。

中国园林中的假山除去作为欣赏的对象与分隔空间的手段外，往往还有着其他的一些功用，如作为磴道、楼梯、汀步、驳岸、护坡、花坛、台基、桥墩等，更有充作石凳、石桌、石几、石榻、石屏之类的器物之用。

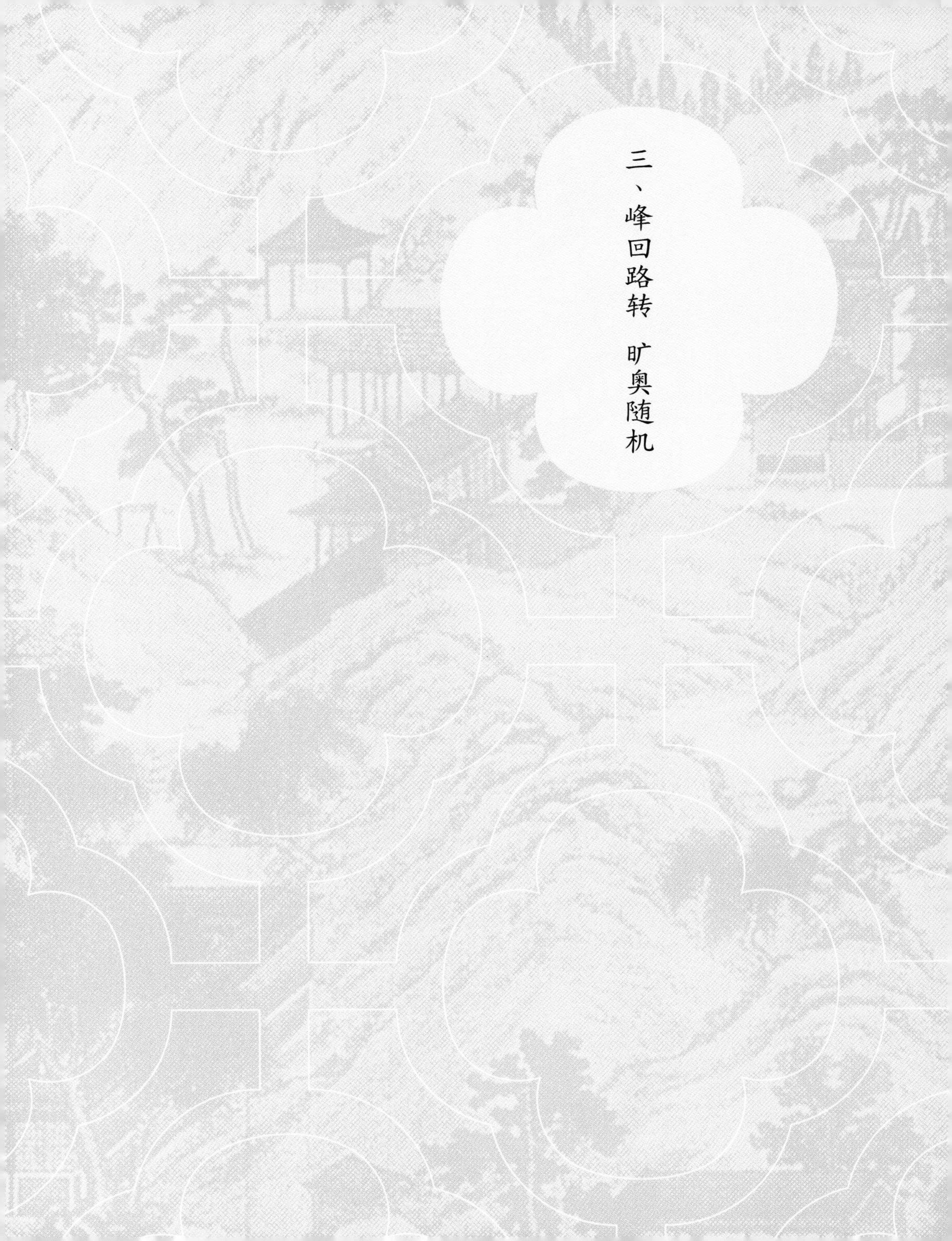

三、峰回路转　旷奥随机

图3-1 苏州网师园中“云岗”（程里尧 摄）
横亘池南，与濯缨水阁等将园林空间一分为二，南部曲奥深邃，北部坦荡开朗，对比鲜明。

乾隆皇帝在论园林山水的空间意义时称：“室之有高下犹山之有曲折，水之有波澜。故水无波澜不致清，山无曲折不致实，室无高下不致情。”建筑、树木、假山、水体同为园林中最主要的构成素材，其中山水地形是构成园林的基本骨骼，在此基础上才是建造屋宇、栽种花木。沈复《浮生六记》中说，“虚中有实者，或山穷水尽处，一折而豁然开朗。”园林空间的收放变化、地形起伏、似塞犹通的空间效应根本上得益于山水地形的塑造。山水同时也是造园的主题，中国园林以摹仿自然山水为特色，所谓“园林之胜，唯是山与水二物”。

堆叠假山的目的第一是人工塑造地形，营造拟自然的场所。所谓“高阜可培，低方宜挖”。掘地成池，覆土为山。其次，假山除去作为观赏对象外，还可用以组织空间，构成景观，强化场地原有地形之起伏变化。用假山分隔空间不同于建筑，由于地形的开合与起伏变化造成园林空间奥旷之不同，加之相邻空间单

图3-2 耦园

从山水间看北面黄石大假山，山北是主体建筑城曲草堂庭院，黄石假山位于园的中部，将小园分隔为两个主要空间，一为陆，一为水，产生极有趣的对比。

元之间相互渗透，较之于建筑更加灵活且富于变化。北宋以前的洛阳园林，以池岛及花木见长，而少假山，因此李格非称洛阳诸园大多还是“不能相兼者六，务宏大者少幽邃，人力胜者少苍古，多水泉者艰眺望。”可见中唐、北宋初期园林奥旷兼得者尚不多见。明清造园在技法上较前代大有进步，加之假山的广泛运用；“奥如旷如”几乎园园如此。钱大昕称网师园：“地只数亩，而有迂回不尽之致，居虽近廛，而有云水相忘之乐。柳子厚所谓‘奥如旷如’者，兼得之矣”（《网师园记》）。进网师园过轿厅入西门抵“小山丛桂”，南面以湖石叠小山、植桂花，北面黄石山“云岗”逶迤，俨然山谷之中，奥趣横生。而以云岗为界，又将园子划分为南北两大部分，南部空间曲折深邃，北部以水面为中心，坦坦荡荡。空间开合对比鲜明，而过渡却十分自然。这是运用假山构成园林空间的佳例。

假山的堆叠受画论的影响较深，所谓“画家以笔墨为丘壑，掇山以土石为皴擦，虚实虽殊，理致则一”。郭熙在《林泉高致》中对如何在画面上安排布局山水有一番陈述：“山，大物也，其形欲耸拔、欲偃蹇、欲轩豁、欲箕踞、欲盘礴、欲浑厚、欲雄豪、欲精神、欲严重、欲顾盼、欲朝揖、欲上有盖、欲下有乘、欲前有据、欲后有倚、欲下瞰而若临观、欲下游而若指麾，此山之大体也。”假山本身也有构图讲究，计成提出“独立端严，次相辅弼”。计成擅长诗画，尤其喜爱五代时大画家关仝、荆浩的表现手法，以黄石模拟“荆关之

图3-3 圆明园四十景图之一“武陵春色”

图中可见，由假山围合成一些大小不等的空间，其间自由地布置变化多端的建筑组群。这是圆明园总体布局的重要特点之一。

图3-4 南京瞻园
由北假山看两侧土山，岗阜逶迤，连绵不绝。

笔意”掇山造园。关于假山布局，计成提出“最忌居中，更宜散漫”等构成原则，与山水画论十分相像。绘画是在二维的画面上表现山水，造园则是于三维空间中塑造山水，两者有相似相通之处。假山的层次及不同视景均是在空间中展现的，由此便产生了“多方胜景，咫尺山林”的效果。

四、搜尽奇峰打草稿

——假山的创作

清初大画家石涛有名言："搜尽奇峰打草稿"，是说山水画的创作源之于画家胸臆中的奇景，造园堆山亦然。假山的堆叠水准之高下不仅仅在于形似自然，而更在于"妙极自然"，即再现自然之精妙。佳例有南京瞻园的北假山，其东侧空间狭窄深邃，造园家因地制宜，做成狭长形的水面，依墙设峭壁，西侧断崖嶙峋，濒水布置小径以降低视点，从而更显空间深邃，似有小三峡之感，奇险之态淋漓尽致。古代中国人认为山是阴阳对立统一的产物，所谓"阳降阴升，一替一兴，流而为川，滞而为陵"（挚虞）。造园家可以"寄兴于笔墨，假道于山川"（石涛语）。又如戈裕良所造的苏州环秀山庄便符合这样的理论，其空间形态极具自然之势，而且更成功地把握了山水之"道"。从全园的空间格局看来，以园西北之"飞雪泉"为源头，川流曲折东南，首"滞"形成了"问泉亭"小岛，分流东西，再"滞"构成了假山主体。东线又分流为二，一支穿山渡涧抵东南，另一支则转向西流，与首次分流出的西线汇成开阔的水面，水流向东，抵山石而止，不仅完整地表现了山水景观的外部特征，而且也表现了自然山水之"道"。这座假山堪称佳构，技冠江南诸园。明代隆庆年间进士吴江顾大典晚年归故里营造谐赏园，他曾为官四方，足迹天下，登过泰山，入会稽，陟雁荡，访天台，睇匡庐，汛彭蠡，穷武夷……具有丰富的游山经验，因而他退隐构园之际，则"江山昔游，敛之于邱园之内"。当然这绝非各地名山胜境的罗列与堆砌，而是所谓"搜尽奇峰打草稿"，经造园家融会、萃

图4-1 苏州环秀山庄平面图
其假山不仅形式精巧自然，其布局更合乎自然之规律。戈裕良的叠石手法可谓“技进乎道”。
（摹自刘敦桢《苏州园林》）

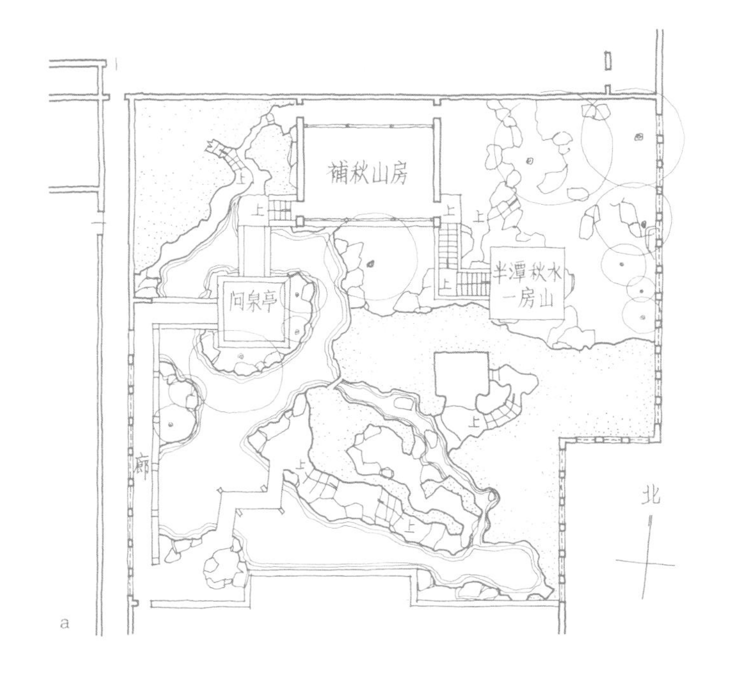

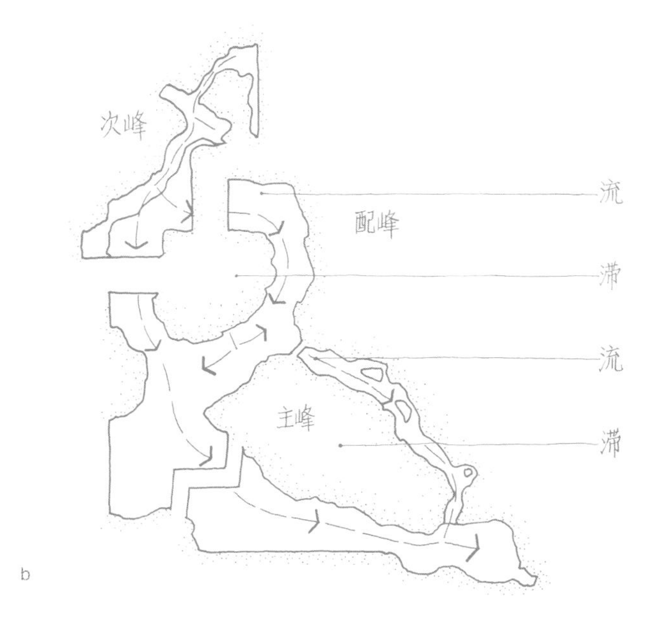

取，以胸中丘壑去营造园林山水，因此园林中的山水不仅具有大自然的典型性，而且具有明确的、主观的创意性。

假山并非真山之模型，而“丈山尺树，寸马分人”，仅仅是尺度在缩小，虽可形似真山，但终究免不了如同“鼠穴蚁垤”。对此清人袁枚指出：“以部娄拟泰山，人人知其不伦。”所以假山除去在空间布局、形态上与自然同构外，细部的处理也十分重要，如纹理、色彩协调一致，有助于强化假山的整体感。

假山终究不是真山，堆山的关键在于要具有真山的意境。“旱山水做”便为假山创作中的一绝，旱地本无水，然而造园家利用地形之竖向变化，降低地坪标高，叠以山石，虽无滴水，却有溪涧之意。这类假山尚不多见，上海嘉定秋霞圃可算是佳例。

图4-2 上海嘉定秋霞圃
于旱地上叠石，两侧山石错落，似曲岸，中部呈河道状下沉，似有水意，此为“旱山水做”之法。

图4-3 无锡寄畅园中的大假山
以土带石，混假于真，与真山浑然一体。

假山除去平地起山外，还可“巧于因借，混假于真”，即在真山脚下堆假山。此法难度较大，不易弥合自然与人工之痕迹，但也不乏成功的例子，如无锡寄畅园于惠山东麓营园，其假山顺应惠山之势，适当加以补缀，宛如惠山之余脉，几乎可以乱真。承德避暑山庄中的假山，布局多与地形环境相结合。选用当地产青石，纹理直顺，棱角分明，加之用料较大，栽种树木花草，有若天然生成一般。

五、假山的构成

图5-1 苏州环秀山庄假山
过曲桥，迎面峰峦突兀，山势逼人。

我们看一座假山，或层峦叠嶂，气势磅礴；或透曲幽邃，深不可测；或突兀峥嵘，千岩竞秀，不一而足。令人眼光缭乱，扑朔迷离，似乎堆山之艺高不可攀。事实假山的构成亦如真山，是由山体的许多基本元素组合而成的。这些元素的有机组织便变化出千万种姿态的山形和空间，有一些传统的技法可循，如"定宾主之朝揖，列群峰之威仪，多则乱，少则慢，不多不少，要分远近"、"布山形，取峦向，分石脉，置路湾，模树柯，安坡脚"、"山要回抱"、"山知曲折，峦要崔巍"、"山头不得一样"、"重岩切忌头齐，群峰更宜高下"等。组成假山的元素有峰峦、洞壑、峭壁、溪涧、矶岛、礁岸、汀步等。因其分布不同，特征各异，处理手法也不尽相同。

峰峦

常言道"无限风光在险峰"，假山必有峰峦，或拔地而起，或突兀群峦之上。假山的

图5-2 苏州怡园湖石假山石洞内部构造/左图

顶悬钟乳，下设石桌，旁有洞口侧光，细部设计相当周全。

图5-3 扬州个园秋山/右图

山洞与石笋，以黄石堆成，与自然景观不合，略显造作。

动势与构图在很大程度上取决于峰石，峰石的选择与安置颇为讲究，如同画龙点睛。计成提出："峰石一块者，相形何状，选合峰纹石，令匠凿笋眼为座，理宜上大下小，立之可观。或峰石两块三块拼掇，亦宜上大下小，似有飞舞势。"例如南京瞻园北假山于山巅西北部耸立巨形石壁以为山峰，顺应形势，使全山气脉通贯，平稳中具有动感。苏州环秀山庄假山峰峦布局极具特色，过曲桥，迎面主峰濒水耸峙，次峰、配峰与之呼应趋承。历史上最大的石峰可说是宋徽宗的艮岳中的"神运峰"，石高六仞，以一仞合八尺计，则此峰石高约十多米，其体量堪称空前绝后。

洞壑

山无洞不奇，无壑不险。洞穿山腹，通达上下，旁及左右，妙趣横生。山洞的堆叠技术要求较高，于山体中留出空间，同时要能解决好洞顶、洞壁的荷载，必须确保安全与形态的自然，因而十分不易。早期的山洞做法如同造屋，设置石柱，柱顶铺以条石，类同于建筑中的壁、柱、梁、板，虽可构成洞窟，但形同石屋，缺少自然之感。戈裕良在此基础上采用"发券法"构洞，利用石块之间相互卡接，构成穹隆，形态更加自然。洞中钟乳悬垂，此法尤其适宜于湖石假山，此法用于黄石山则稍显生硬。如扬州个园秋山山洞之中，以黄石仿钟乳，与自然景观不合，略显造作，较之于湖石山无疑要逊色许多。

图5-4 苏州耦园黄石假山中的"邃谷"/对面页
两侧岩石壁立，上部林木掩映，如同深山峡谷一般。

图5-5 无锡寄畅园“八音涧”
山林之中，曲涧流水，潺潺淙淙，似音乐流淌。

堆叠山洞的极端之举，便是追求奇峰阴洞，以多洞为能事。如狮子林东部假山有洞穴二十余处，洞道曲折，上盘下旋，类于迷宫，咫尺之间相望而不及。由于一味追求人巧，迎合世俗趣味，烦琐而失之自然。北京北海琼华岛北坡的石洞，沿山势曲折盘旋，并与亭榭通达勾连，堪称石洞之佳构。

涧谷

自然山林幽邃曲奥的景观往往在于山谷之间，谷地之中光线灰暗而柔和，藤葛垂挂，悬泉瀑布，溪流清潭，巨石如砥，景象变化十分丰富，与山巅构成鲜明的对比，因此山涧与峡谷也是假山中常见的景观。通常于山体中部留出裂隙，两侧岩石峻峭，空间曲折深邃，上

图5-6 南京瞻园西部假山
“山谷”前有溪涧，林木掩映，似有不尽之意。

覆以林木，以此造成山谷，谷中有水者称为山涧。前者如苏州耦园中的邃谷，后者如无锡寄畅园中的八音涧。南京瞻园西侧土山山体宽度很小，造园家却有意将山体断开，于山间构成一山谷，加之游览线路曲折，两侧林木郁闭，颇有深山巨谷之意境。

峭壁

峭壁多临山崖、靠墙壁、滨水而设，拔地而起，峻峭壁立，《园冶·掇山》中称壁山“悬岩峻壁，各有别致”。峭壁除去用作塑造假山的局部外，常见于空间较小的庭园之中。所谓“粉墙为纸，山石为绘”。依墙而设的峭壁一般进深较小，起脚宜小，渐理渐大，崖壁悬岩，用以创造危岩耸峙的山景。扬州园林中

图5-7 扬州何园“壁山”
依墙而设，下部理水为洞，隔水相望，似群山绵延。

图5-8 南京瞻园北假山
南缘伸入水中，形成石矶，周边处理成石滩，“山”、“矶”、“滩”一气呵成。

多峭壁，如小盘谷、寄啸山庄均有峭壁。堆叠峭壁常用叠压平衡法，通过悬挑、垂挂与叠压造成险峻的形势。然而平衡法使用不当，则弄巧成拙，一如半斤八两，机械可笑。

矶麓

石矶一般指假山的基部濒水部分，自然的石矶大多突兀水际，如长江中的采石矶、燕子矶等。园林中石矶濒临水边，多与驳岸相结合，形态自然，为观者创造亲水空间。成功的范例如南京瞻园北假山下石矶，苏州网师园射鸭廊西侧的石矶等。

麓，泛指山陵的基部，麓为进入山林的前奏，往往给人的印象最深，因而尤应审慎。堆叠假山通常是“未山先麓”，处理得当，山麓

图5-9 苏州网师园“射鸭廊”两侧的石矶/前页
深入水中，上有凌霄垂挂，形态自然。

同样可给人以山林般的感受，苏州耦园“山水间”东北一区园池塑造了山麓景象，景观形态简洁，一坂三坡，山石裸露，疏林盘根，却颇具山林意趣。

台阜

园林中常以山石作台，下设洞穴，上立亭阁，可供登高远眺。清人笪重光《画筌》中道：“山实，虚之以烟霭，山虚，实之以高台。”古代造园匠师也深谙此道。如湖州钱业会馆庭院后部有一方天井，前厅后楼，左墙右廊，空间局促，中起湖石假山一座，其体量甚小，形态轻盈，又以稀树藤萝衬映，于山顶平台之上构一六角攒尖亭，立柱细长，屋盖翼然，从而增加了山势的峻峭感。上海嘉定秋霞圃中亦有类似的做法，造园家巧妙地利用虚实相生这一对矛盾及其相互转化关系，使之达成对立统一，取得很好的景观效果。

阜即小丘，多指土山。其空间特征平远旷广。例如南京瞻园西部以土作阜，岗阜逶迤，有连绵不绝之态。

图5-10 上海嘉定秋霞圃石台/对面页
以山石作台，上立四角攒尖方亭，以实冠虚，有翼然升腾之感。

图5-11 扬州个园秋山
黄石磴道及两侧蹲配与山地融为一体。

图5-12 苏州留园停云庵石梯/对面页
东侧以湖石叠成楼梯，灰白色的湖石状若祥云，人行其上有登云步月之感。

磴道

磴道用以沟通假山的上下，磴道的形式变化多端，上乘之作往往磴道与山地景观融为一体。园林中常以假山磴道作为建筑的室外楼梯，登山入室，别有情趣。

瀑布

瀑布常设于峭壁、崖际，两侧山石夹峙，形成谷口。于上部设潭聚水，集屋面之雨水，或以人工担水贮之，近世则预埋水管，导入自来水，或施水泵，循环水流，经由水口泛漫而下，形成瀑布。如苏州狮子林问梅阁北假山设有瀑布、跌水，落差较大；扬州片石山房的瀑布跌水处理与磴道结合起来，更加自然。此外，圆明园、静宜园中均有瀑布之作。对瀑布的欣赏主要在：观势；听声；以及观赏水花、水雾与日光衍射生成的彩虹。

图5-13　苏州狮子林间梅阁旁瀑布与跌水/上图

该瀑布落差较大，分作四级，顶部设潭，逐级落下，流入山洞。

图5-14　扬州何园（片石山房）/下图

瀑布、跌水处理，因势利导，顺乎自然，平淡中见神奇。

图5-15 南京瞻园石矶
南假山下，两侧石矶相向，中间以汀步相接，不仅沟通了东西两岸，而且虚分了池面，增加了景观的层次。

汀步

汀步分别用以沟通分立的岛礁、划分水面。汀步不同于桥涵，汀步石块大小相间，貌似随意散漫，实则十分注重石块间形状的关联和间距的大小，并便于跨行。汀步石的点布妙在若即若离，人行其上，有欢快跳跃之感。用于划分水面则似断非断，增加了景观的特色。如南京瞻园南假山下的汀步的布置颇值玩味。

图5-16 北京北海琼华岛后山局部平面图（胡洁 测绘）

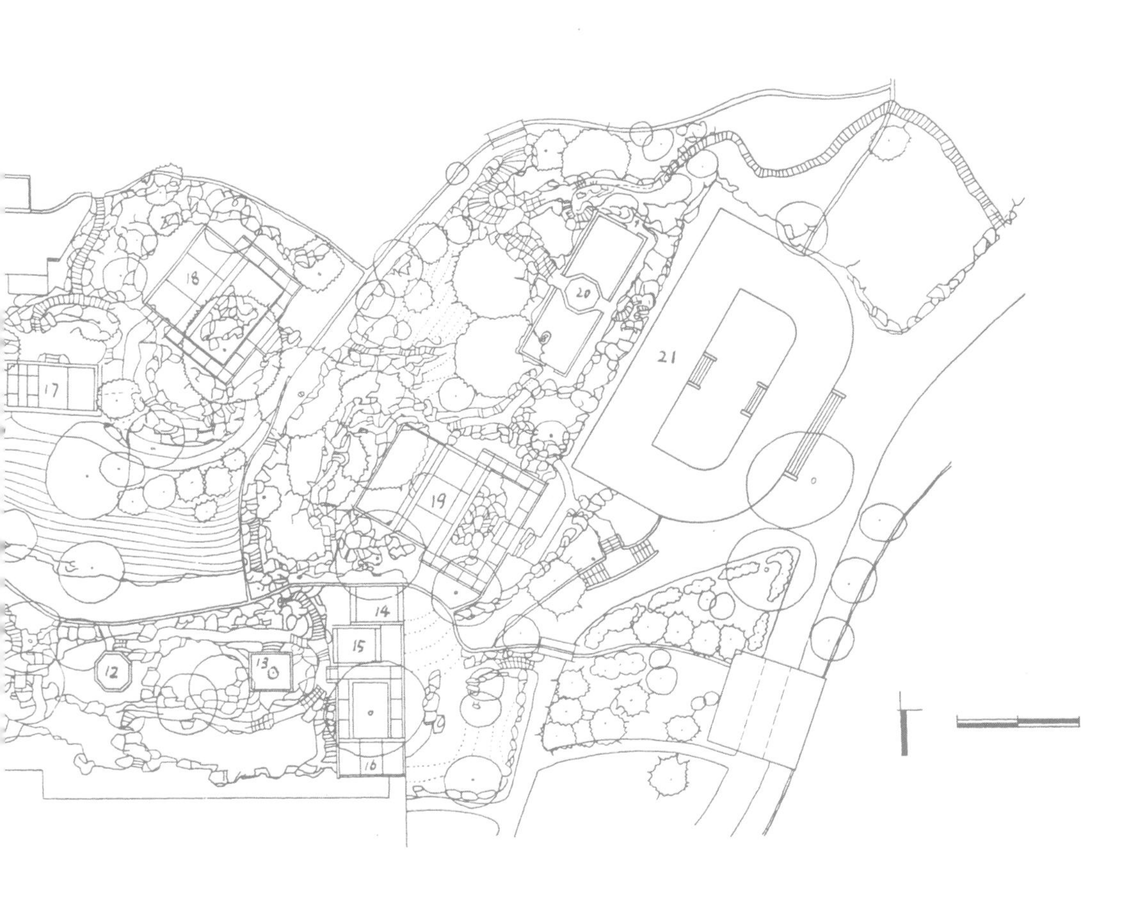

1.“琼岛春荫”石碑；2.见春亭；3.古遗堂；4.枕峦亭；5.看画廊；
6.交翠亭；7.嵌岩室；8.环碧楼；9.盘岚精舍；10.一壶天地；
11.延南熏；12.小昆邱；13.仙人承露盘；14.得性楼；15.抱冲室；
16.邻山书屋；17.写妙石室；18.酣古堂；19.吉鉴室；20.云烟尽态亭；
21.阅古楼；22.揽翠轩

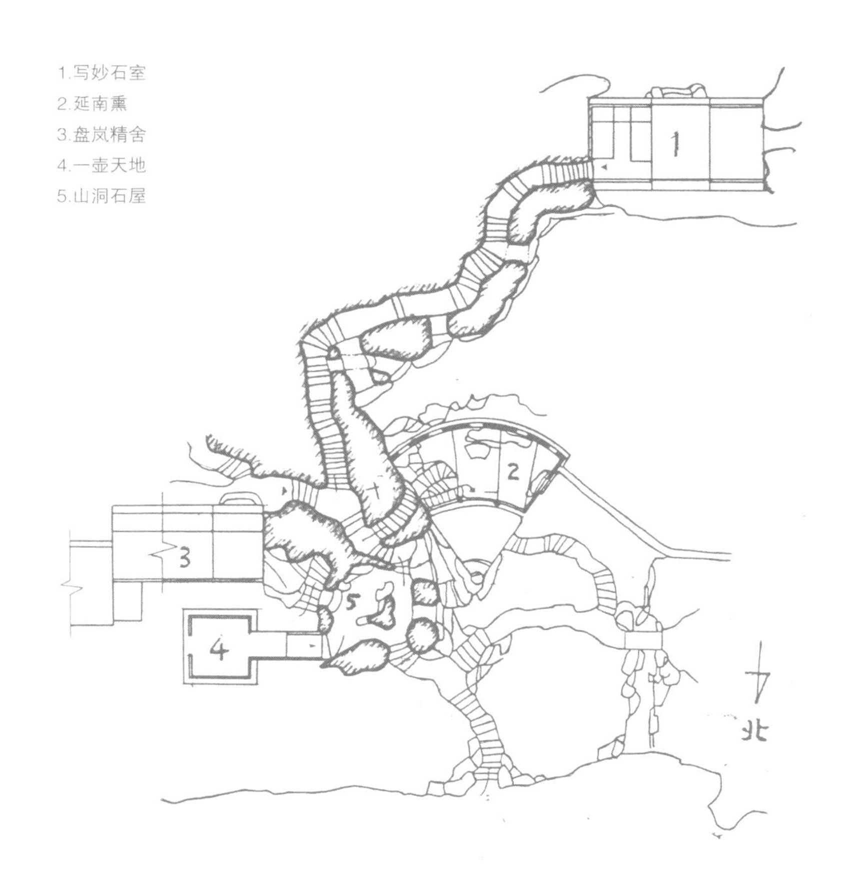

图5-17　北京北海琼华岛北坡石洞（延南熏亭至写妙石室）平面图（胡洁 测绘）

山洞总长约50米，是最长的山洞，有5个出口，依山势蜿蜒而上，与山坡上的亭榭勾连相通，采光孔上下交错，构造十分巧妙。

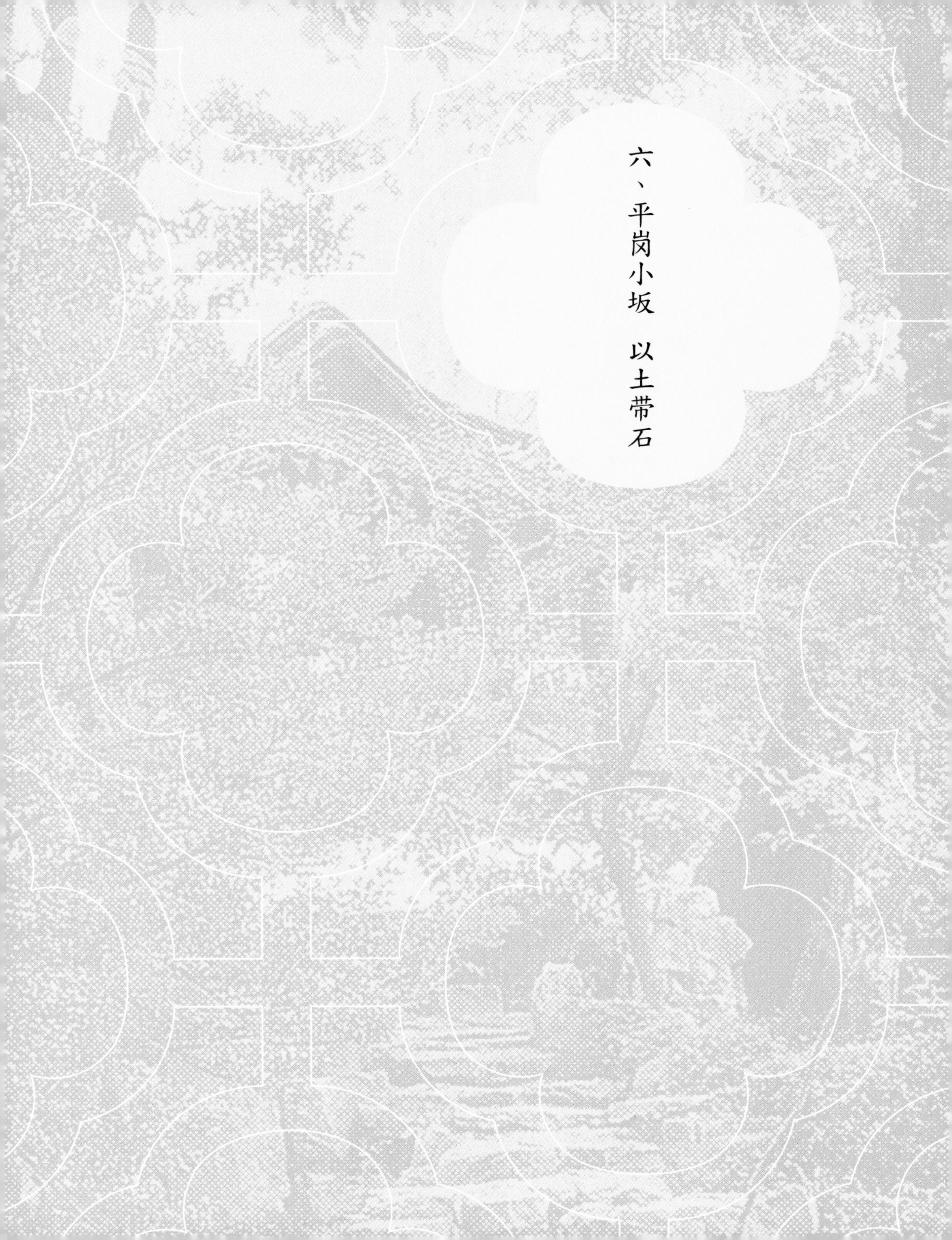

六、平岗小坂 以土带石

假山存在于有限的园林空间中，要给人以崇山峻岭、深壑巨岩般的感受，这本身便存在着矛盾。明代造园家张南垣、计成倡导以山水之局部来代替对山整体的描摹，留出观者想象的余地。张、计等一代匠师正是出于对前人及当时常见的“群峰造天”的不满，而提出“平岗小坂”以少胜多的创作范式。张南垣认为“群峰造天”，不如“平岗小坂，陵阜陂陁，版筑之功，可计日以就。然后错之以石……其石奔注……若似乎处大山之麓”。积土掇石以塑造山地景观之片断。此举可能是受到南宋画风的影响，以南宋画家马远、马圭等为代表的一批画家喜画山水之局部，以局部代替对山整体的描绘，人称“马一角”。计成在《园冶》也提出：“未山先麓，自然地势之嶙峋。”有一斑见全豹的景观效果。常言道：“屋看顶，山看脚”，因此堆山的重点便在于对山脚的塑造，以造就深山巨麓般的景观效果。拙政园中部“三岛”以土带石堆成，其中东、中两岛隔

图6-1 苏州拙政园中部三岛
以土带石堆成的三岛，东、中两岛隔以水涧，竹林繁茂，近乎自然。

图6-2 苏州拙政园“绣绮亭”
以土带石，坡脚部分错以山石，有如天然。

以水涧，山上林木葱茏，山脚箬竹丛生，近于自然。而绣绮亭下坡脚处理，置以山石，颇得自然意蕴。苏州耦园“山水间”西侧平岗小阜，虽不见大的起伏变化，然而以土作岗，错以山石，点缀花木，俨然深山巨麓一般。

以土带石还可以堆成体量庞大的假山，如北京北海的白塔山等，多半于山麓坡脚散置山石，石块含于土中，半掩半露，宛若自然。以土带石堆造假山，其造价较之于石山低廉，取材相对要容易得多。此外，石块还起着挡土墙的作用，可以有效地防止雨水对山体的冲刷与水土流失，保持山的体形，同时也利于植物生长，以土带石堆成的假山其整体景观效果也较纯粹石山更为自然。

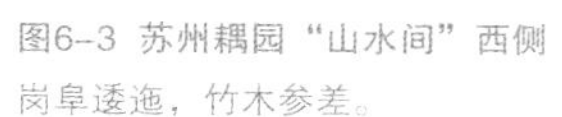

图6-3 苏州耦园“山水间”西侧岗阜逶迤，竹木参差。

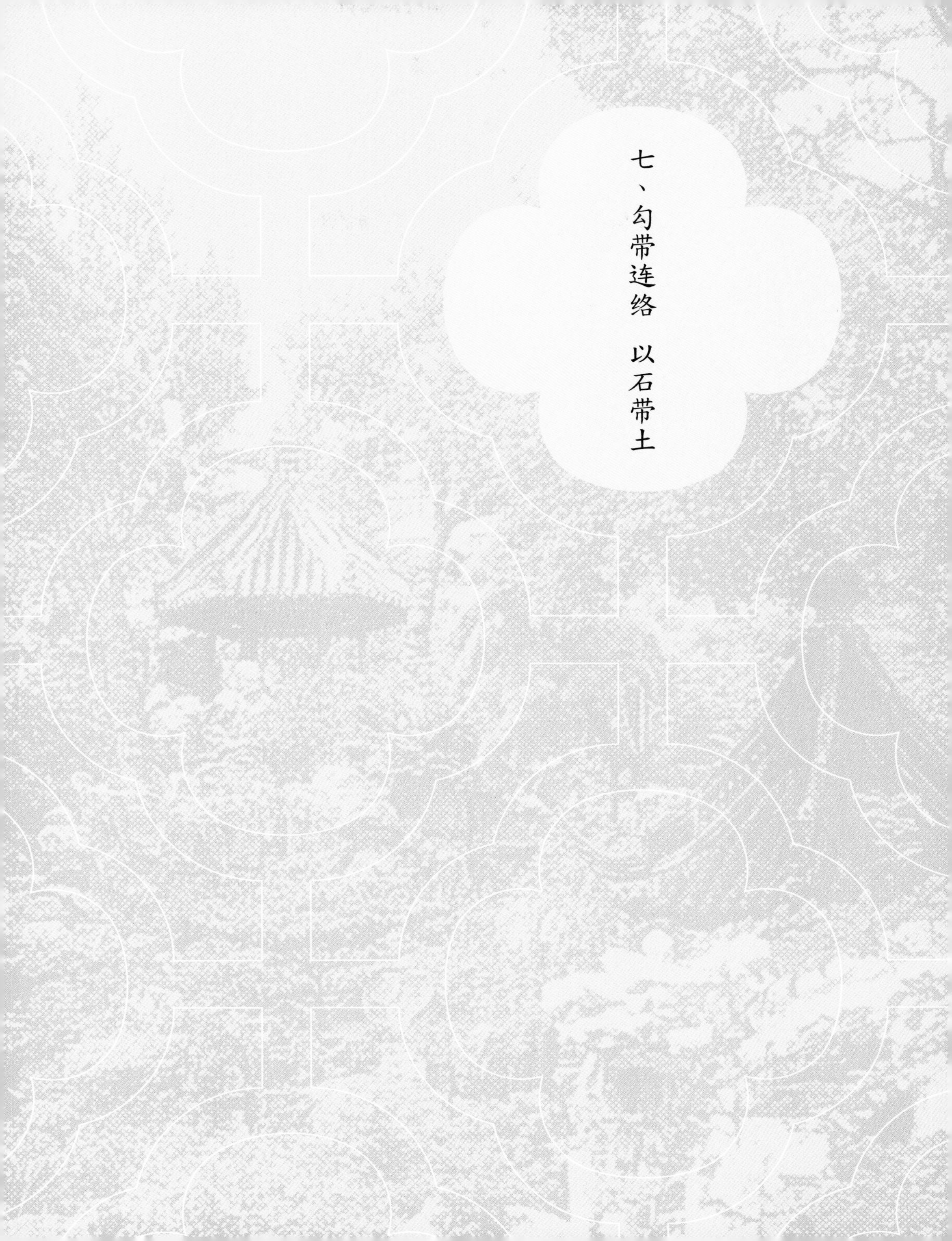

七、勾带连络　以石带土

与平岗小坂有所不同，石山往往是见石不露土。典型者如张南阳所叠之上海豫园黄石假山及戈裕良所叠之环秀山庄湖石假山。明末清初，堆山技术有长足的进展，一批深谙绘事的造园家以画造园堆山，胸有丘壑，运石如笔，计成创“等分平衡法”。比较而言，堆叠石山较之于土山难度更大。以石叠山最忌拼凑，堆土山受到土壤自然安息角的限制，不易堆得过高。因而在小空间中造假山则多以石料堆叠，所谓：“小山用石，大山用土。”李渔在《闲情偶寄》中说：“小山亦不可无土，但以石作主而土附之。土之不可胜石者，以石可壁立，而土则易崩，必仗石为藩篱故也。外石内土，此从来不易之法。”石山并非不用抔土，而是以石为主，留穴错缝，培土栽植。山石如骨骼，树木若肌肤，二者不可或缺。石假山中以湖石、黄石、青石山等最为常见，其中湖石山嵌空玲珑，黄石山浑厚凝重，青石山则显夯顽，各有千秋。

石涛所叠扬州个园秋山依墙而设，横亘园西，气势磅礴。横看成峰，侧视若岭。虽然山地面积不大，但游览线路的布置却十分微妙，上盘下旋，变化多端。整个假山腹中空虚，仅洞便有上中下之分。而其中以山谷处理最为精彩，山道曲折而崎岖，崖壁峻峭，尺度与视距的控制恰到好处，通常视角均在45°之上，观者入其中，断溪截谷，有若深山巨谷，颇得黄山之意，不入山中是难以体会到个园秋山的微妙。南京瞻园南假山以湖石叠成，山虽不大，然而假山的景观构思精巧，山形平缓但具动

图7-1 南京瞻园南假山平面、立面图
瞻园南假山以湖石叠成，山虽不大，
然而构思立意精巧，平淡中见真奇。

图7-2 上海豫园黄石大假山/后页
由明代造园家张南阳堆叠，假山气势
磅礴，为江南现有黄石山中最大者。

图7-3 戈裕良所叠苏州环秀山庄湖石假山
其构思精巧，峰峦洞壑布局得体，妙极自然，为现存湖石假山中的珍品。

图7-4 扬州个园秋山（张振光 摄）/对面页
由石涛以黄石叠成，整体及细部处理均十分精彩，为黄石假山中上乘之作。

势，有平远山水之意境。瀑布飞泻，山体部分有岩崖悬垂，形成洞窟，有水洞潜行山中，融山林景观于平淡之中，含蓄而深沉。整组假山平面犹如蟹状，前半部东西两石矶相向伸出，断开部分点缀汀步石，景观层次丰富。堆叠工艺也十分精湛、石块的大小脉络、纹理贯通，一气呵成。加之尺度与视距控制得当，为湖石山中难得的精品。与扬州个园以洄游动观不同，瞻园的假山适宜静观，观者于“静妙堂”之中，静观玩味，迁想妙得。

石山的堆叠十分不易，石块的选择、重心的把握、基础的处理、石块间的交接等，技术性很强，远非一般泥瓦匠所能，同样也并非几张图纸能够交待清楚的。必然是造园家与匠人的密切合作，方能运石如笔，实现石块大小相间；纹理、色彩的相融，用石涛的话说“峰与皴合，皴自峰生”。石块间拼接常用手法有：挑；飘、跨、连、斗、卡、压等。另外，石块

间灌浆勾缝亦十分讲究，传统做法是在石块之间用铁钩、米浆、石灰、垄糠石灰黄土等胶结。近代多用水泥砂浆或内掺色浆，勾平缝，甚至凸缝，大多生硬而少变化，反而暴露出块料大小，从而破坏了假山的整体感。石假山中以黄石山尤为难叠，竖向的变化，立面的凹凸，石块的大小，处理不当则状若百衲，或失之变化，仅仅石料一堆。而湖石山处理不当则形同鼠穴，或类于煤渣，不堪入目。更有将黄石与湖石混用，拼凑了事，这种状况多半系不同时代重修改造所致。形若刀山剑竖，状同炉烛花瓶，凡此种种均为石假山常见之通病。

图7-5 南京瞻园南假山

系刘敦桢先生设计并主持堆叠而成，石土参半，洞、矶、崖、瀑有机结合，为现存湖石假山精品之作。

八、置石

置石便是特置石头以供玩赏，这种做法早在南北朝时期已经出现，《南史·到溉传》记载："到溉居近淮水，斋前山池有奇礓石，长一丈六尺，帝戏与赌之，并《礼记》一部。溉并输焉……石即迎置华林园宴殿前。移石之日，都下倾城纵观。"置石以观赏山石的奇特造型为目的，历史上有许多文人均嗜石成癖，待石如宾友，视若贤哲，重如宝玉，爱同儿孙，典型者如唐代的李德裕、牛僧儒、白居易、皮日休等。宋代则有苏轼、苏洵、米芾等，其中苏洵以枯木制成木假山，米芾因嗜石而自号"石痴"，常手捧朝笏，身着官服，礼拜奇石，"呼石为兄，拜石为丈"，并作有《拜石图》。苏州留园揖峰轩、怡园的拜石轩、北京颐和园的石丈亭等均语出此典。明代的米万钟也有石癖，自号"石隐"。他游房山发现青芝岫、青云片两石，便意欲移入勺园，不惜斥巨资起运，终因财力不济，遗石良乡，因此而得"败家石"之名。清乾隆年间，青芝

图8-1 北京颐和园乐寿堂前的"青芝岫"

图8-2 北京中山公园的“青云片”

图8-3 上海豫园中的“玉玲珑”
相传此石为宋徽宗花石纲遗物。

图8-4 “瑞云峰”
存于苏州第10中学校园中的“瑞云峰”，似祥云腾起。

岫被移至清漪园（今颐和园）乐寿堂，该石块长8米，宽2米，高4米。而青云片则运至圆明园时赏斋（今存中山公园来今雨轩西侧）。

江南园林中置石使用更广，遗存至今的有“三大名石”，一为上海豫园的“玉玲珑”，该石多孔洞，玲珑剔透，色清似玉，上刻“玉华”二字，明人王世贞称其：“秀润透漏，天巧宛然”：玉玲珑原为宋徽宗“花石纲”中的一方名石。清人陈维成《玉玲珑石歌》赞曰：

图8-5
杭州花圃中的“皱云峰”
“形同云立，纹比波摇”，高2.6米，最窄处仅0.4米。

图8-6 苏州留园“冠云峰”/对面页
形体瘦长，转折变化明显，动势中具有升腾感。

“一卷奇石何玲珑，五个巧力夺天工。不见嵌空皱瘦透，中涵玉气如白虹。”二为苏州第10中学的“瑞云峰”，该石遍布涡洞，原存留园，后移至清代织造府西行宫，亦为“花石纲”遗物之一。因其形似拔地而起的祥云而得名。三为“绉云峰”，因其多深皱纹而得名。绉云峰为英石，高2.6米，最窄处0.4米。“形同云立，纹比波摇”。绉云峰数易其主，今存杭州花圃掇景园之中。遗存至今的名石还有：苏州留园的冠云峰、岫云峰、一梯云，南京瞻园的倚云峰、仙人峰，广州有药州“九曜石”（今存广州南方戏院庭园）等。杜绾在《云林石谱》中说：“天地至精之气，结而为石，负土而出，状为奇怪……虽一拳之石，而能蕴千年之秀。”郭熙更盛赞“石者天地之骨”。石

因集自然之精气、包融山川之秀，而备受文人雅士的青睐。

置石的点布与叠山有所不同，石料不是堆积一体，而是呈离散状态。讲究“顾盼生情”，强调石块之间及其与环境间相互关系，依置法不同可分为孤置、对置、群置、散点等。所谓“攒三聚五”、“散漫理之”，即突出石块间的构成关系。广州有南汉时期的于药州“九品石”，九块石头错落分布于水中陆上。《奥东金石略》称：“石凡九，高八九尺，或丈余，嵌岩峰兀，翠润玲珑，望之若崩云，既堕复屹，上多宋人铭刻。”米芾称道：“瑰奇九怪石，错落动乾文。”可见虽然九块山石分布水陆，却似一有机的整体。广东佛

图8-7 南京瞻园桂花院中的倚云峰

与桂花相向而立，夕阳之下，光影变化十分丰富。

图8-8 南京瞻园中的“仙人峰”/对面页

形同少女侧目凝神，一缕秀发飘于胸前。

山群星草堂的内庭“十二石斋”，分布于10米×20米的范围内，石块间似乎存在着“张力”，散而不乱。

置石对单块峰石的造型、纹理、色彩等要求很高，通常不易觅得。明清时期由于堆山大量用石，以致上好的石料十分难得，于是出现人工雕琢修饰石料，同时加之以水冲、烟熏、染色促旧等“自然化”处理措施，然而往往是人工巧不敌天工，不能尽如人意，林有麟的《素园石谱》及文震亨的《长物志·水石》中对此有详尽的记载。今南京瞻园东部收有一峰石，名“如意”，上有人工雕琢的涡洞、纹饰以及沈周的题跋，形态刻板，缺少自然纹理与石面的凹凸起伏，状若碑刻，全无天然意趣。

图8-9 佛山梁园内十二石斋置石残迹（程里尧 摄）

九、以大观小 小中见大

图9-1 扬州个园春山
石笋与竹，一假一真，相映成趣。

假山要给人以真山般的感觉，除去与造园家手眼高下相关外，还要求观赏者有联想力与审美品位，需要以“胸中丘壑”去观照园林中的山水，唯其如此，眼中的假山方会有如真山般的感受。所以白居易于太湖石中能见到“百洞千壑”、“三山五岳”、“嵌空华阳洞”、“牙然剑门深”（《太湖石记》）。苏东坡于一石中能见九华，称作“壶中九华”。因为以自然之“大”观人工之“小”，方能小中见大。张南垣称：“人之好山水者，其会心正不在远。”以山水片断为中介，观者的审美联想被充分激发，从而在自身的方寸中再现山水境界，这大约便是欣赏中国假山的根蒂。

僧人维则的《狮子林即景》中有：“人道我居城市里，我疑身在万山中”，说明假山蕴含的强大魅力。但假山终究是假的，所谓“虽云万重岭，所玩终一丘。”因此历代人们对假山的描绘常用“仿佛丘中”、“濠濮间想”、

图9-2 北京中南海静谷（程里尧 摄）/上图
用湖石夹置于小径之两侧，或立或卧，形态和布局极其自然，人行其间有如步入深山幽谷。

图9-3 常熟燕园之燕谷（朱家宝 摄）/下图
系戈裕良所叠黄石假山，似有崇山峻岭之境界。

图9-4 南京瞻园“小三峡”
北部以石壁叠成峡谷，有“小三峡”之称。

图9-5 扬州小盘谷

假山依墙而设即所谓“壁山”，蹬道沿墙布置，可登临山巅，山腹中有洞，虽进深有限，但却有大山之意境。

“有若自然”之类的词语，人们不过是透过假山的形体和空间去玩味自然山水的意趣。不过是“以真观假，视假为真”罢了。

欣赏假山讲求“远观势，近看质”，假山通常是园林中的主景，多以静观为主，所谓有“不下堂筵，坐穷泉壑”之功。通常厅堂与假山分立于水池南北，由于多数假山处于受光状态，故而光影变化十分丰富。而“厅堂山”用地较为局促，只能于院落天井中设置石组作为象征。并常以山石做成室外踏步，用以联系室内外空间，隐喻步入山林，借此以烘托山林意趣。现存的厅堂山，上乘之作寥寥可数。置石点景虽是一鳞半爪，处理得当同样妙趣横生。扬州个园春景以竹为表现主题，丛竹之间点缀石笋，一真一假，相映生趣，是较好的例子。

十、以石状物 传神表意

所谓“以石状物”即采取象形的手法，以单块或成组的石块堆叠成某种物象，其中尤以动物造型为多，所谓“立似龙螭，蹲疑狮虎”。通过象形附会，赋予石头以特定的文化内涵。由于这一做法浅显，且多与世俗题材相联系，常为普通百姓所乐道。当然那种着意于构洞、牛头马面，由于庸俗琐碎，与造假山的初衷南辕北辙，因此以石状物向来为多数行家所不齿。

以石状物典型者，如苏州狮子林的狮子造型；扬州个园“百兽闹春图”；北京礼亲王宅中以石状卧虎、玉兔等。然而其中的狮子林等并非单纯为以石状物，而是具有佛教寓言，所谓“取佛书狮子座名之”，抑或为模拟天目山狮子岩而作。此外，无锡蠡园中有以假山拟道教“洞天福地”之作，假山设有石洞多处，上下盘旋，空间变化多端，设有石窟，置老君像及香案、香炉、炼丹台等。礼亲王宅中有长达

图10-1 苏州狮子林中部假山以石状物，“群狮”蹲立山巅，顾盼生情。

图10-2 扬州个园入口
内侧石像生，似是而非。

百米的假山“翠秀岩”，山巅立有石雕人像，寓意步步平安。几此种种假山之作，均与常规的摹写自然山水有所不同，其表现主题已非山水，而是具有特殊的意义，理应另当别论。

追求奇峰荫洞、以石状物有着深刻思维及审美的渊源。细加思忖，此举与民族的审美趣味紧密相关。柳宗元在《永州崔中丞万石亭记》中描绘永州西门郊野山石景观，也是从自然的形体中体察到具体的形象，所谓“绵谷跨溪，皆大石林立。涣若置棋，怒者虎，企者鸟厉”。再如苏东坡的《赤壁细石笔记》载：“岸多细石……有一枚如虎豹，首有口鼻眼处，以为群石之长。”从柳、苏二位大家笔下可见，先人对山石等自然物的审美，其特征在于从自然的形体中发现具象的内容。这从自然

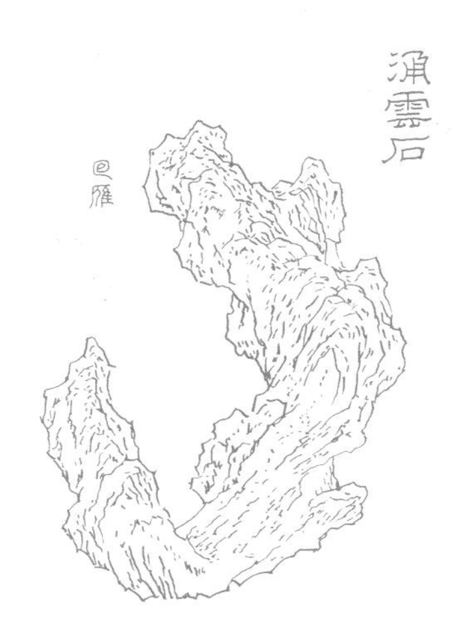

图10-3 林有麟《素园石谱》中所列之“涌云石”、“鳌背灵峰”
前者似风起云涌，后者状若鳌背，十分形象。

景观的题名中亦可略见一斑。如石有“冠云峰”、“莲花峰”、“望夫石”不一，林有麟《素园石谱》中有“涌云石”、“鳌背灵峰”等，前者如风起云涌，后者状若鳌背。另外，王世贞的山园中有“楚腰峰”……均因石头形似某物而得名。可见古代中国人对于山石的审美大多是从介乎似与非似的形体中发现某种具体的物象。有学者将湖石比作“抽象雕刻”，据此说明中国人对石头的欣赏是抽象审美的范例，实则这里的“抽象”与西方纯粹的抽象有很大的区别，它不是以理性的思辨为基础，而是具有浓厚的感性色彩。

十一、『瘦透漏皱』话石谱

玩石赏石少不了为石作谱立传，中唐时期，白居易便将石头依观赏价值品第分等。他在《太湖石记》中称："石有聚簇，太湖为甲，罗浮天竺次焉。"宋代山阴人杜绾（字季阳）撰有《云林石谱》，罗列山石一百一十六种之多。他提出："天地至精之气，结而为石，负土而出，状为奇怪……虽一拳之石，而能蕴千年之秀。"石聚天地之气，故而包孕自然之美。并提出以"瘦、透、漏、皱"四字为品石标准。李渔的《闲情偶寄》对此有阐述："此通于彼，彼通于此，若有道路可行，此所谓透也。石上有眼，四面玲珑，所谓漏也。壁立当空，孤峙无倚，所谓瘦也。""皱"字指的是石头表面的皱折与纹理。苏东坡提出"石文而丑"。郑板桥曰："湖石以'丑'为美，丑极则美之极。"乾隆皇帝虽没有为石作谱，但却对石头的特征有生动的描述："南方石玲珑，北方石雄壮，玲珑类巧士，雄壮似强将，风气使之然，人自择新向"（《文园狮子林》）。此外，著名的石谱还有：北宋年间的《宣和石谱》，南宋时有《渔阳公石谱》，明人林有麟著有《素园石谱》等，其中《素园石谱》一书刊行于明万历四十一年（1613年），录有奇石百余种，附图并有前人题咏，图文并茂。

叠山、置石常用的石材除太湖石外，还有黄石、斧劈石、黄蜡石、房山石（北京房山）、巢湖石（安徽巢湖）、灵璧石（产于安徽省的灵璧）、青石（承德）、宣石（产于安徽省的宁国）、英德石（广东英德）、仇池石

图11-1 扬州个园秋山（张振光 摄）

（产于广东韶州东南七八十里的仇池）、石英石、木化石、钟乳石、石笋……其中以湖石、黄石、灵璧、房山石运用最广。

湖石为应用广泛的一种假山石材，主要有太湖石与巢湖石两种。湖石为石灰质岩石，由于自然风化及水流侵蚀，其形状千奇百怪、多皱褶、涡隙及孔洞。以湖石堆成假山，山形圆浑，在山水画中以荷叶皴、披麻皴、解索皴等皴法为其表现特征。

黄石属细砂岩，多呈黄褐色。黄石广泛产于江南，以浙江武康及江苏常熟虞山所产为著。黄石垂直节理发育良好，断面平整，常呈多面体，石质坚硬。以黄石堆叠而成的假山，转折清晰，轮廓分明，敦实凝重，气势雄浑，山水画中以大、小斧劈及折带皴等皴法为其表现特征。

灵璧石出自安徽灵璧磬山，多皱褶及孔洞，朴实圆润。灵璧石以深灰色、黑色为主，石料中夹有白色、红色纹理。形态变化多端，尤宜孤置。

房山石产于北京西南郊房山大灰厂，系石灰岩，石多涡、沟、洞，因此而有“北太湖石”之称。房山石常用在北方宫苑之中。

十二、堆山匠师

园林中的假山是由造园匠师堆叠而成的，从假山出现伊始，自当有掇山匠师，遗憾的是早期的造园匠师大多失考。专事假山、园艺的人在宋代称着“花园子”、“山匠”（周密《癸辛杂识》），明清称“山师”、“山人”、“山子”。

明末清初，江南涌现出一批能工巧匠，著名的有万历年间周秉忠、周廷策父子、上海的张南阳（号卧石山人）、杭州的陆叠山、松江的张涟、张然父子、青浦的叶洮、兰溪的李渔、吴江的计成等。这一批造园匠师大多系文人出身，能文善画，常以画堆山。如张南垣“少写人物，兼通山水，能以意垒为假山，悉仿营邱、北苑、大痴画法为之，峦屿涧濑，曲洞远峰，巧寺化工”；计成堆山“小仿云林，大宗子久”；陈所蕴的《张山人传》称张南阳：“视地之广袤与所裒石之多寡，胸中业具有成山，及始解衣盘薄，执铁如意指挥群工，群工辐辏，惟山人使，咄嗟指顾间，岩洞溪谷，岑峦梯蹬陂坂立具矣。”张南阳的作品除上海豫园大假山外，还有江苏泰州日涉园及太仓王世贞的弇山园等。

清代的叠山名匠师有梧州的石涛、常州的戈裕良、淮安的董道士以及仇好石、张国泰等人。其中石涛为清初僧人，杰出画家，兼工叠石。康熙年间，石涛流寓扬州，以画造园，山若其画。堆山作品有扬州个园秋山、万石园及片石山房的假山等。戈裕良为乾嘉年间造园家，尤以叠假山著世。他首创采用“发券”方式堆叠假山，顶壁一体，结构合理。一则使得假山景观更加自然，二来也减少山石的用量。戈氏的代表作有苏州环秀山庄、常熟燕谷、扬州意园小盘谷等。

清初一些叠山名师寓居京城，为皇室及王公贵族们造园叠山，其中以“山子张”最为著名。上海松江人张涟、张然父子流寓北京，专事假山工程。其后人承继其业，人称“山子张”。其中张然主持、参与了西苑瀛台、玉皇山行宫、畅春园、万柳堂、王氏怡园等的营造与叠山，名噪一时。

明清之际，一批造园叠山家不仅精于实践，并且善于理论总结。如计成的《园冶》一书中列有“掇山”一章，专论假山的堆叠；文震亨的《长物志》有“水石”、“室庐”等，涉及选石、叠山；李渔的《一家言，居室器玩部》中列有“山石”一节，分作大山、小山、石壁、石洞、零星小石等，分别详细论述其特征及堆叠要领。这些著述有助于更准确地理解中国的造园堆山艺术。

图12-1 石涛所叠扬州片石山房假山/后页

左半为原作，右半为近年的增补。

中国造园堆山史迹表

序号	假山名	朝代	地点	匠师	园主	景观特征
1	蓬莱山	秦代	咸阳・兰池宫	佚名	秦始皇	筑土为山，拟仙境
2	三神山	西汉	长安・建章宫	佚名	汉武帝	一池三山，拟仙境
3	王根园	西汉	长安，王根宅园	佚名	王根	土山渐台
4	百灵山	西汉	兔园	佚名	刘武	象形置石
5	袁广汉园	西汉	长安・茂陵	佚名	袁广汉	构石为山
6	梁冀园	东汉	洛阳・梁园	佚名	梁冀	土石并用，模仿崤山
7	少华山	东汉	洛阳・西园	佚名	汉安帝	模仿华山
8	景阳山	三国	洛阳・芳林园	佚名	魏明帝	模仿南阳之景山
9	景云山	后燕	邺城・龙腾苑	佚名	慕容熙	广百步，高十七丈
10	湘东苑	南朝	建康・湘东苑	佚名	萧绎	山有石洞，深二百余步
11	景阳山	北魏	洛阳・张伦园	佚名	张伦	重岩复岭，有若自然
12	五岳	北齐	邺城・华林园	佚名	石虎	模仿五岳
13	三神山	隋	大兴・西苑	佚名	隋炀帝	效蓬莱、方丈、瀛洲
14	定昆池假山	唐朝	长安・定昆池	佚名	安乐公主	模仿华山
15	白莲庄假山	唐朝	洛阳・履道坊	佚名	白居易	仿严子陵七滩
16	平泉庄假山	唐朝	洛阳・平泉庄	佚名	李德裕	模仿巫山十二峰
17	九曜石	南汉	广州・药洲	佚名	刘陟	置石
18	寿山	北宋	汴梁・寿山艮岳	佚名	赵佶	集景式，仿天下名胜
19	香石泉山	北宋	汴梁・大内禁苑	佚名	赵佶	土山与石山
20	万岁山	元代	大都・大内禁苑	佚名	忽必烈	堆土积石
21	狮子林假山	元代	苏州・狮子林	维则等		以石状物
22	拙政园	明代	苏州・拙政园	佚名	王献臣	池中理山，平岗小坂
23	豫园假山	明代	上海・豫园	张南阳	潘允端	江南现存最大黄石假山
24	弇山园	明代	太仓・弇山园	张南阳	王世贞	三峰叠立
25	片石山房	清代	扬州・片石山房	石涛	何芷舠	湖石假山
26	个园秋山	清代	扬州・个园	石涛	黄至筠	黄石假山，气势磅礴
27	环秀山庄	清代	苏州・环秀山庄	戈裕良	蒋楫	湖石山，仿苏州大石山
28	燕谷	清代	常熟・燕园	戈裕良	张鸿	黄石假山，仿常熟虞山
29	半亩园假山	清代	北京・半亩园	李渔		
30	燕子矶	清代	北京・自得园	佚名	果亲王	仿南京燕子矶

图书在版编目（CIP）数据

造园堆山／成玉宁撰文／摄影．—北京：中国建筑工业出版社，2013.10
（中国精致建筑100）
ISBN 978-7-112-15961-1

Ⅰ．①造… Ⅱ．①成… Ⅲ．①古典园林-造园林-中国-图集 Ⅳ．① TU-098.42

中国版本图书馆CIP 数据核字（2013）第237324号

责任编辑：董苏华 张惠珍 孙立波
技术编辑：李建云 赵子宽
图片编辑：张振光
美术编辑：赵 清 康 羽
书籍设计：瀚清堂·赵 清 周伟伟 康 羽
责任校对：张慧丽 陈晶晶 关 健
图文统筹：廖晓明 孙 梅 骆毓华
责任印制：郭希增 臧红心
材料统筹：方承艺

中国精致建筑100

造园堆山

成玉宁 撰文/摄影

中国建筑工业出版社出版、发行（北京西郊百万庄）
各地新华书店、建筑书店经销
南京瀚清堂设计有限公司制版
北京顺诚彩色印刷有限公司印刷

开本：889×710 毫米 1/32 印张：3 插页：1 字数：125千字
2015年11月第一版 2015年11月第一次印刷
定价：**48.00**元
ISBN 978-7-112-15961-1
（24349）